Sitzungsberichte der Heidelberger Akademie der Wissenschaften
Mathematisch-naturwissenschaftliche Klasse
Jahrgang 1987/88, 2. Abhandlung

Hans Elsässer

Aktive Galaxien

Mit 18, zum Teil farbigen Abbildungen

Vorgetragen in der Sitzung vom 18. 7. 1987

Springer-Verlag
Berlin Heidelberg New York
London Paris Tokyo

Prof. Dr. rer. nat. Hans Elsässer
Max-Planck-Institut für Astronomie
Königstuhl
D-6900 Heidelberg

ISBN-13: 978-3-540-19054-7   e-ISBN-13: 978-3-642-46633-5
DOI: 10.1007/978-3-642-46633-5

Dieses Werk ist urheberrechtlich geschützt. Die dadurch begründeten Rechte, insbesondere die der Übersetzung, des Nachdrucks, des Vortrags, der Entnahme von Abbildungen und Tabellen, der Funksendung, der Mikroverfilmung oder der Vervielfältigung auf anderen Wegen und der Speicherung in Datenverarbeitungsanlagen, bleiben, auch bei nur auszugsweiser Verwertung, vorbehalten. Eine Vervielfältigung dieses Werkes oder von Teilen dieses Werkes ist auch im Einzelfall nur in den Grenzen der gesetzlichen Bestimmungen des Urheberrechtsgesetzes der Bundesrepublik Deutschland vom 9. September 1965 in der Fassung vom 24. Juni 1985 zulässig. Sie ist grundsätzlich vergütungspflichtig. Zuwiderhandlungen unterliegen den Strafbestimmungen des Urheberrechtsgesetzes.

© Springer-Verlag Berlin Heidelberg 1988

Die Wiedergabe von Gebrauchsnamen, Warenbezeichnungen usw. in diesem Werk berechtigt auch ohne besondere Kennzeichnung nicht zu der Annahme, daß solche Namen im Sinne der Warenzeichen- und Markenschutz-Gesetzgebung als frei zu betrachten wären und daher von jedermann benutzt werden dürften.
Satz: K+V Fotosatz GmbH, Beerfelden

Adolf Butenandt in dankbarer Verehrung
zum 85. Geburtstag gewidmet

Inhalt

Einleitung 9

Normale Galaxien 9

Aktivitätserscheinungen 15

Ansätze zur Deutung — Wechselwirkende Galaxien 22

Infrarotgalaxien 29

Zusammenfassung 38

Einleitung

Die Astronomie wendet sich in neuerer Zeit mehr und mehr der Erforschung der Galaxien zu, der großen Sternsysteme, die als „Weltinseln" (A. v. HUMBOLDT) den Kosmos bevölkern, wie weit hinaus unser Blick auch immer reichen mag. Durch den Bau von Großteleskopen in den letzten Jahren und das Aufkommen neuer empfindlicher Detektoren verfügen heute mehrere Observatorien über ein höchst leistungsfähiges Instrumentarium, das die Beobachtung und Untersuchung sehr weit entfernter und dementsprechend lichtschwacher Objekte erlaubt. Und das kommt vor allem der extragalaktischen Forschung zugute.

Von besonderem Interesse sind dabei pathologische Fälle, relativ seltene Exoten, die sich von den „ruhigen" Normalgalaxien in erster Linie durch ihre überhöhte Energieabstrahlung unterscheiden. Diese „aktiven" Galaxien zeigen uns allem Anschein nach einen Ausnahmezustand begrenzter Dauer, von dem wir uns Einsicht in die zeitliche Entwicklung und vielleicht sogar in die Entstehungsphase großer Sternsysteme erhoffen dürfen. Jedoch: Der Fragen sind hier viele, der Antworten vorerst weit weniger.

Normale Galaxien

Die großen Sternsysteme präsentieren sich in einer Vielfalt von Formen und Größen. Am auffälligsten sind die Spiralgalaxien, aber keineswegs am häufigsten. Der in Abb. 1 gezeigte Andromedanebel, M 31 nach dem Katalog von Messier, ist das uns räumlich am nächsten stehende Spiralsystem. Mit bloßem Auge im Sternbild Andromeda gerade noch als kleiner blasser Fleck zu erkennen, bietet es sich bereits im Feldstecher recht eindrucksvoll dar. Es ist auch deshalb besonders interessant, weil wir heute wissen, daß sich seine Struktur von der unseres eigenen Milchstraßensystems nur wenig unterscheidet. Wir sehen uns hier gleichsam selber, von außen betrachtet. Die Bezeichnung Nebel ist historisch bedingt und leicht irreführend. Wir wir nicht zuletzt von unserer Milchstraße wissen, umfaßt ein solches System insgesamt etwa 100 Milliarden Einzelsterne. Auf der Photographie, wie bei der visuellen Beobachtung, entsteht der an eine Nebelwolke erinnernde Eindruck durch das sich überlagernde Licht dieser vielen Sterne, die vor allem bei den weiter entfernten Systemen selbst mit den stärksten Teleskopen nicht mehr einzeln zu erkennen sind.

Abb. 1. Der Andromedanebel M 31 und seine beiden elliptischen Begleiter. (Aufnahme: K. BIRKLE, Schmidt-Teleskop Calar Alto)

Den Andromedanebel sehen wir unter schrägem Winkel, er erscheint uns deshalb in elliptischem Umriß. In Wirklichkeit handelt es sich um ein flache linsenartige Scheibe kreisförmiger Begrenzung mit starker Konzentration der Sterne zur Mitte hin. Die ganze Galaxie rotiert um dieses Zentrum, um eine auf der Hauptebene senkrecht stehende Achse. Der Durchmesser der Scheibe beträgt etwa 100 000 Lichtjahre – ein Lichtsignal braucht also etwa 100 000 Jahre um das System zu durchqueren –, während die Entfernung von uns dem etwa 20fachen davon, nämlich 2,2 Millionen Lichtjahren, entspricht.

Neben dem Licht der 100 Milliarden einzelner Sterne, die in ihrer Natur unserer Sonne recht ähnlich sind, geben sich auf der Photographie in den eingebetteten dunklen Gebieten Spuren von interstellarer Materie zu erkennen. Der weite Raum zwischen den Sternen ist nicht etwa leer – dasselbe gilt wiederum auch für unser eigenes System –, sondern enthält ein hochgradig verdünntes Gemisch aus Gas- und Staubteilchen mit einer typischen Dichte von etwa 1 Atom/cm^3 (ca. 10^{-24} g/cm^3). Die dunklen Stellen im Bild des Andromedanebels gehen auf Wolken absorbierender Staubpartikel zurück, die das Licht der hinter oder in ihnen stehenden Sterne teilweise und auch ganz verschlucken.

In der Milchstraße sind solche scheinbaren Sternleeren schon mit bloßem Auge zu sehen, sie rufen dort insbesondere die Teilung des galaktischen Lichtgürtels zwischen den Sternbildern Schwan und Schütze-Skorpion hervor. Die Abb. 1 macht darüber hinaus die Kopplung der Staubwolken an die Spiralarme deutlich. Auch die andere Komponente des diffusen Mediums, die Atome und Moleküle des interstellaren Gases, ist vorwiegend in den Spiralarmen einer Galaxie konzentriert, wie man heute aus zahlreichen empirischen Untersuchungen weiß.

Die interstellare Materie – in ihr stecken beim Andromedanebel wie bei unserer Galaxis etwa 10% der gesamten Masse – ist ein wichtiges Bauelement der Systeme: das materielle Reservoir für neue Sterne. Laufend kommt es in ihr zu lokalen Verdichtungen, die so weit gehen können, daß schließlich Sterne neu entstehen. In Übereinstimmung mit dem soeben Gesagten finden sich die jungen Sterne einer Galaxie in den Spiralarmen, in oder nahe bei den interstellaren Wolken, denen sie entsprungen sind.

Neben den Spiralgalaxien ist eine zweite Klasse wichtig, die der elliptischen Systeme. Die beiden in Abb. 1 zu sehenden Begleiter des Andromedanebels gehören zu dieser Sorte. Es sind zwei relativ kleine, der großen Galaxie räumlich benachbarte Exemplare, die Aufnahme demonstriert somit die wahren Größenverhältnisse. Die elliptischen Galaxien überdecken aber einen weiten Bereich in Größe und Leuchtkraft. In der Mehrzahl sind es Zwergsysteme ähnlich denen von Abb. 1, die selteneren elliptischen Riesengalaxien übertreffen jedoch die großen Spiralnebel in Sternreichtum und Masse.

Von den 1000 hellsten Galaxien am Himmel gehören zwar etwa zwei Drittel zur Klasse der Spiralsysteme. In Wahrheit sind aber die im Durchschnitt leuchtschwächeren elliptischen Galaxien zahlreicher, das heißt, innerhalb eines bestimmten Volumens ist dieser Typ am stärksten vertreten. Die elliptischen Syste-

Abb. 2. Das Zentrum des Virgo-Galaxienhaufens. Die helle Galaxie in der Nähe des unteren Randes (*Bildmitte*) ist das elliptische Riesensystem M 87. Siehe auch Abb. 6 und 7. (Aufnahme: K. BIRKLE, Schmidt-Teleskop Calar Alto)

me sind weniger abgeplattet als die Spiralgalaxien, auch weniger strukturiert, insbesondere zeigen sie kaum Spuren von interstellarem Staub und Gas. Junge Sterne sind demgemäß nicht zu finden, normalerweise fehlen die Voraussetzungen für die Entstehung neuer Sterne. Später werden wir allerdings Ausnahmen von dieser Regel kennenlernen.

Wie schon aus der Verteilung der Galaxien an der Himmelssphäre hervorgeht, gehören sie in der Regel einem übergeordneten Verband an, einer kleinen Gruppe oder einem mitgliederstarken Haufen. Das gilt auch für unser Milchstraßensystem und den Andromedanebel, die zusammen mit weiteren etwa zwei Dutzend kleinerer Systeme die „Lokale Gruppe" bilden. Diese ist in sich so strukturiert, daß die übrigen Mitglieder fast ausnahmslos jeweils einer der beiden großen Spiralgalaxien als Begleiter eng benachbart sind. Der Andromedanebel und das Milchstraßensystem sind gravitativ aneinander gebunden, ähnlich einem Doppelstern, und schleppen bei ihrer Bewegung umeinander die anderen Systeme mit.

Eine uns relativ nahestehende größere Ansammlung von Galaxien ist der Virgo-Haufen in etwa 30 Millionen Lichtjahre Entfernung, dessen zentralen Teil die in Abb. 2 wiedergegebene Aufnahme zeigt. Dort sind leicht mehrere Dutzend Galaxien als längliche oder diffus schimmernde rundliche Gebilde zu identifizie-

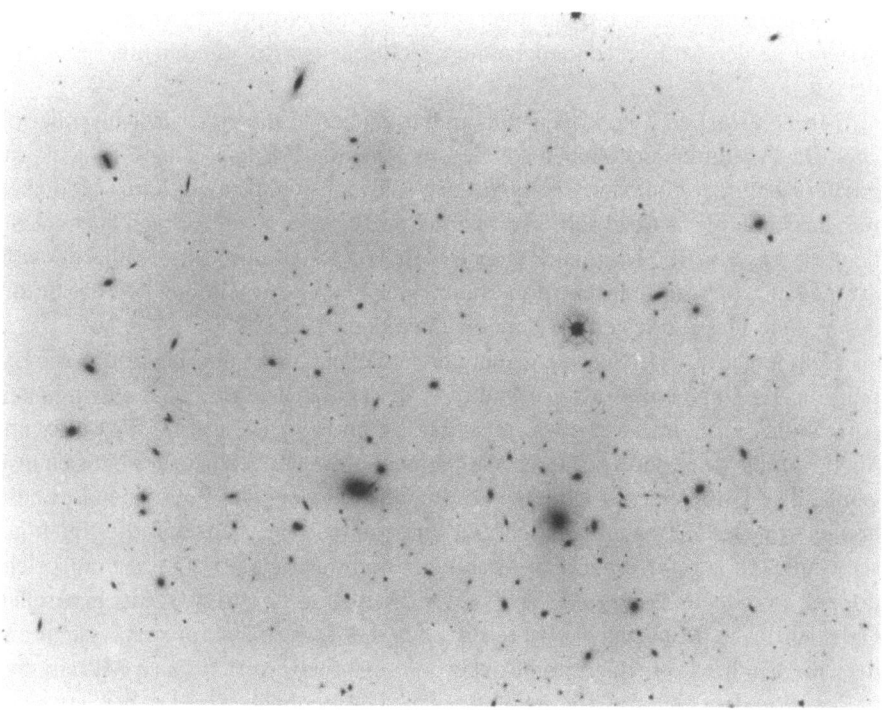

Abb. 3. Zentraler Teil des Coma-Haufens (Negativ) mit Hunderten von Galaxien. Der helle Vordergrundstern hat ein instrumentell bedingtes Strahlenkreuz. (Aufnahme: 4-m-Teleskop Kitt Peak National Observatory USA)

ren. Die zahlreichen schwachen Lichtpunkte dagegen sind Sterne des Vordergrundes, das heißt unserer Milchstraße. Das helle elliptische System M 87 in der unteren Bildmitte, eine der größten und leuchtkräftigsten Galaxien, die man heute kennt, wird uns im folgenden noch beschäftigen. Insgesamt umfaßt der Virgo-Haufen einige tausend Systeme. Mit der Lokalen Gruppe stehen wir in einem seiner Randbezirke.

Abbildung 3 enthält eine Aufnahme des weiter entfernten, an Mitgliedern noch reicheren Haufens im Sternbild Coma Berenices. Seine Distanz ist um die 100 Millionen Lichtjahre. Das Bild, das wiederum nur einen zentralen Ausschnitt zeigt, ist übersät von Galaxien, die alle annähernd gleich weit von uns entfernt sind, wobei sich zwei Systeme in der Helligkeit von den übrigen deutlich abheben.

Innerhalb der Haufen laufen die Mitglieder mit Geschwindigkeiten zwischen 100 und 1000 km/sek um ihren gemeinsamen Schwerpunkt. Einem Mückenschwarm ähnlich schwirren sie in ungeordneter Bewegung im Raum und werden dabei durch ihre gegenseitige Schwereanziehung zusammengehalten. Sie sind also in den Haufen gebunden und diese stellen in sich abgeschlossene Einheiten dar.

Wie bereits angedeutet, gilt das auch für die Lokale Gruppe, unser Milchstraßensystem und der Andromedanebel nähern sich gegenwärtig mit 300 km/sek einander an.

Mit lichtstarken Teleskopen sind an der ganzen Himmelskugel Tausende solcher Haufen unterschiedlichen Reichtums zu finden. Entsprechend groß ist die gesamte Zahl der Galaxien, die bis zu den schwächsten nachweisbaren Helligkeiten, das heißt bis zu den größten erreichbaren Distanzen, zu beobachten sind: Sie liegt jenseits von 100 Millionen – und viele von ihnen umfassen Milliarden von Sternen. Anders ausgedrückt: Innerhalb einer Fläche am Himmel von der Größe des Vollmondes gibt es einige hundert Galaxien!

Dem ungeordneten Schwärmen in den Galaxienhaufen überlagert sich die Expansion des Universums als großräumige Bewegung. Die Radialgeschwindigkeit einer Galaxie ist um so größer, je weiter sie entfernt ist, um so stärker ist ihr Spektrum ins Rote nach größeren Wellenlängen verschoben. Sie bewegt sich also gemäß dem Dopplerschen Prinzip vom Beobachter weg. Das Phänomen ist unabhängig von der Beobachtungsrichtung und immer zeigt sich, daß die Fluchtgeschwindigkeit proportional dem Abstand zunimmt, doppelter Distanz entspricht doppelt so schnelle Bewegung. Wir sind nicht etwa das Zentrum dieser generellen Galaxienflucht. Man macht sich leicht klar, daß von einem anderen System aus derselbe Eindruck entstehen muß, auch dieses könnte sich für den Mittelpunkt halten, von dem sich die übrigen entfernen. Die Beobachtungen geben nur über relative Bewegungen Auskunft und lassen nicht entscheiden, ob einer der Beobachter ruht. Das wäre nur bei festen Bezugsmarken im Raum möglich, die einzigen Bezugsmarken sind aber die selbst mitbewegten Galaxien. Durch die allseitige Ausdehnung rücken sie auseinander, ihre gegenseitigen Abstände vergrößern sich ständig und wir nehmen mit dem Milchstraßensystem an dieser Expansion des Weltalls teil.

Die allgemeine Galaxienflucht kommt hier auch deshalb zur Sprache, weil die Distanz weit entfernter Systeme – und mit solchen haben wir es im folgenden zu tun – oft nur schwer oder überhaupt nicht auf direktem Wege zu ermitteln ist. Dagegen kann ihre Radialgeschwindigkeit in den meisten Fällen relativ leicht gemessen werden. Das Gesetz der Expansion, die nach ihrem Entdecker genannte Hubblesche Beziehung zwischen Fluchtgeschwindigkeit und Entfernung, läßt sich dann umgekehrt so anwenden, daß aus der beobachteten Radialgeschwindigkeit auf die Entfernung geschlossen wird.[1]

---

1 Das komplexe Thema der extragalaktischen Entfernungsskala kann hier nicht behandelt werden. Der Autor verweist dafür auf die Darstellung in Kap. 9 seines Buches: Weltall im Wandel. Die neue Astronomie. DVA Stuttgart 1985.

Aktivitätserscheinungen

Die Strahlung der weitaus meisten Galaxien ist im wesentlichen aus dem sichtbaren Licht ihrer Sterne zusammengesetzt. Bei den seltenen Ausnahmen beobachtet man dagegen merkliche Anteile der abgestrahlten Energie in anderen Partien des elektromagnetischen Spektrums: im Radiobereich, im Infraroten, wie auch im Ultravioletten und Röntgengebiet. Zwar scheinen alle großen Sternsysteme auch bei nichtoptischen Wellenlängen zu emittieren, im Fall der normalen Galaxien macht das aber nur einen kleinen Bruchteil der Leuchtkraft im Sichtbaren aus. Im Gegensatz dazu ist dieses Verhältnis bei den aktiven Galaxien nicht nur zugunsten der unsichtbaren Strahlung verschoben, auch die Strahlungsleistung insgesamt, über das ganze Spektrum hinweg, ist oft merklich verstärkt, im Vergleich zu den Normalgalaxien manchmal um mehr als das Tausendfache.

Heute ist eine ganze Reihe verschiedenartiger galaktischer Aktivitätsphänomene bekannt. Die intensive Radiostrahlung einzelner Galaxien wurde bereits um 1950 entdeckt, nachdem die Meßtechnik der Radioastronomie soweit entwickelt war, daß die stärksten Quellen am Himmel relativ genau lokalisiert werden konnten. Die weitere Verbesserung der räumlichen Trennschärfe mit Hilfe interferometrischer Methoden (s.u.) führte dann bald auf die verblüffende Erscheinung der Doppelquellen: Vielfach geht die Radiostrahlung nicht von dem sichtbaren Galaxienkörper selbst aus, sondern von zwei außerhalb liegenden, symmetrisch von ihm deutlich abgesetzten Stellen. Heute gelten diese Doppelquellen als ein typisches Merkmal von Radiogalaxien.

Ein eindrucksvolles Beispiel aufgrund neuerer Messungen ist das in Abb. 4 gezeigte Objekt 3 C 449 (Katalogbezeichnung). In der Mitte steht ein optisch identifiziertes elliptisches System, das zu einem 350 Millionen Lichtjahre entfernten Haufen gehört. Zwei von ihm austretende symmetrische „Schläuche" von Radiostrahlung weiten sich an den Enden zu flächenhafter Emission auf. In den Anfängen der Radioastronomie wurden bei Objekten dieser Art nur die außenlie-

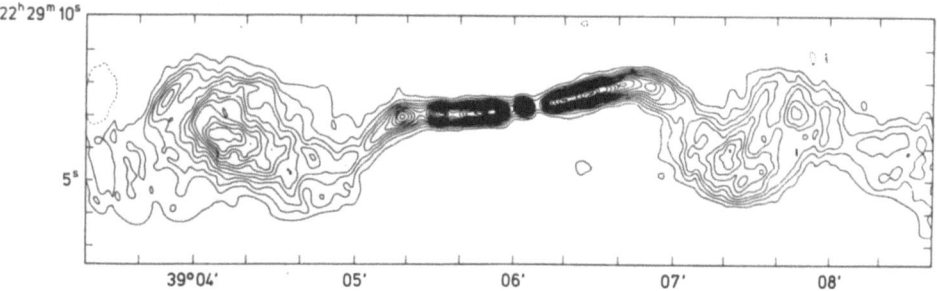

Abb. 4. Die Radiogalaxie 3 C 449 bei 20 cm Wellenlänge, dargestellt mit Hilfe von Linien gleichen Strahlungsflusses, nach VLA-Messungen. (R. A. PERLEY et al., Nature **281** (1979) 437)

genden Quellen, isoliert von der Galaxie, gesehen. Mit den heutigen Mitteln ist auch deren Verbindung zu dem sichtbaren Körper des Sternsytems zu fassen.

Für solche Messungen werden neuerdings potente Interferometeranlagen eingesetzt, mit denen sich strukturelle Einzelheiten von Bogensekundengröße unterscheiden lassen. Eine der leistungsfähigsten ist das „Very Large Array" (VLA) des National Radio Astronomy Observatory in New Mexico/USA. Es besteht aus 27 Radioteleskopen, jeder dieser Antennenspiegel hat 25 m Durchmesser. Die einzelnen Teleskope sind in einer dem Buchstaben Y ähnlichen Figur angeordnet, mit Armen bis zu 20 km Länge. Alle beobachten simultan dasselbe Feld am Himmel, die von ihnen aufgenommenen Signale werden dann an einer zentralen Stelle zusammengeführt und miteinander korreliert. Das Auslösungsvermögen eines solchen Interferometers, seine „Sehschärfe", ist um so größer, je weiter die äußersten Antennen voneinander entfernt sind.

Auch die Abb. 5 geht auf Messungen mit dem VLA zurück. Cygnus A im Sternbild Schwan ist die zweitstärkste Radioquelle am nördlichen Himmel und gehört deshalb zu den früh entdeckten, sie ist darüber hinaus die erste als extragalaktisch erkannte. Walter BAADE fand 1951 mit dem 5-m-Teleskop von Mt. Palomar an der Radioposition ein recht lichtschwaches System, das zwei Kerne zu haben schien oder nach einem Doppelsystem aussah. Wie sich später herausstellte, ist es eine elliptische Galaxie mit einem querliegenden Staubgürtel, der die Teilung in zwei etwa gleiche Hälften vortäuscht. In Abb. 5 ist sie als kleiner Lichtfleck halbwegs zwischen den beiden großen Radioblasen zu sehen, mit de-

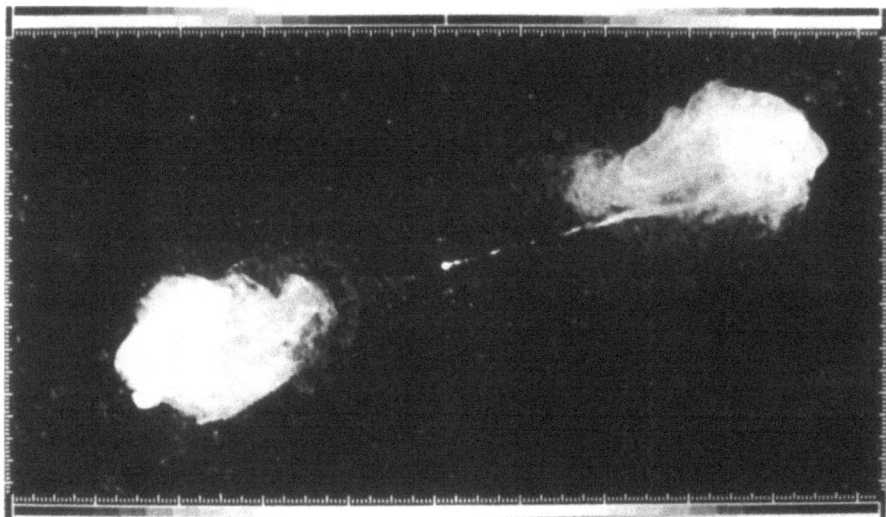

Abb. 5. Die Radioquelle Cygnus A bei 6 cm Wellenlänge, dargestellt in Form einer „Radiophotographie", nach VLA-Messungen. (R. A. PERLEY et al., Astrophys. Jour. **285** (1984) L 35)

Aktive Galaxien 17

nen sie über eine dünne „Nabelschnur" verbunden ist. Ihre Radialgeschwindigkeit ergab sich zu fast 17 000 km/sek, das bedeutet eine Entfernung von nicht weniger als 1 Milliarde Lichtjahre – und das für eine der stärksten Radioquellen des Himmels. Welche Energien müssen hier im Spiel sein! Mit bekannter Entfernung und dem Winkelmaß an der Sphäre folgt sofort die lineare Ausdehnung der ganzen Struktur. Auch aufgrund der vorher genannten Abmessungen von Galaxien wird deutlich, daß sich Systeme dieser Art über einige Millionen Lichtjahre erstrecken können. Es sind die größten materiell zusammenhängenden Gebilde, die wir heute im Kosmos kennen.

Eine andere, relativ nahe Radiogalaxie mit interessanten Eigenheiten, die Virgo A-Quelle, gehört ebenfalls zu diesem Typ. Sie ist mit dem elliptischen System M 87 des Virgo-Haufens identisch, der ungewöhnlich massereichen und großen Galaxie, von der schon im Zusammenhang mit Abb. 2 die Rede war. Ihrem Kern entspringt ein Materiestrahl, ein sogenannter Jet, der mit seinen hellen Knoten im Optischen über eine Länge von nahezu 10 000 Lichtjahren zu sehen ist (Abb. 6). Auch im Radiobild zeichnet sich der Jet scharf ab und selbst im Röntgenlicht ist er nachgewiesen. Es handelt sich um nichts anderes als den innersten Teil einer engen Röhre der Art, wie wir sie schon anhand der Abb. 4 und 5 kennengelernt

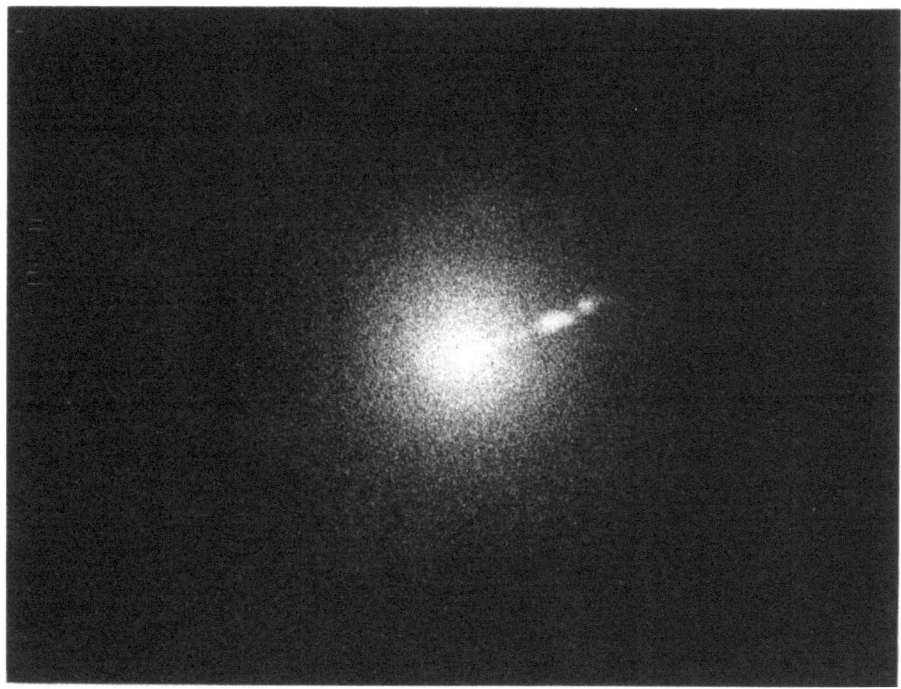

Abb. 6. Das Innere der elliptischen Galaxie M 87 = Radioquelle Virgo A. Siehe auch Abb. 2. (Aufnahme: 5-m-Teleskop Mt. Palomar Observatory USA)

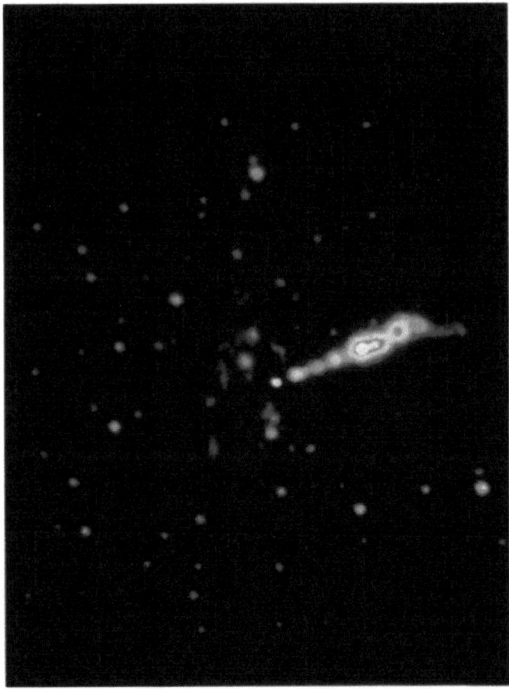

Abb. 7. Der Jet der Galaxie M 87, herauspräpariert aus einer mit dem 3,5-m-Teleskop gewonnnen CCD-Aufnahme von M. SCHLÖTELBURG. Das zum Zentrum des Systems in der Helligkeit stark ansteigende diffuse Sternlicht (siehe Abb. 6) ist subtrahiert. Der vom inneren Ende des Jets etwas abgesetzte Lichtpunkt ist der aktive Kern der Galaxie. Die übrigen hellen Punkte sind kugelförmige Sternhaufen, an denen M 87 besonders reich ist. (Falschfarbenbild)

haben. An den Knoten solcher Jets sind, wieder mit Hilfe der Radiointerferometrie, extrem schnelle nach außen gerichtete Bewegungen festgestellt worden, die keinen Zweifel daran lassen, daß aus dem Kern dieser Galaxien Materie mit Geschwindigkeiten von 100000 km/sek und mehr abgefeuert und nach außen geschleudert wird.

Die Abb. 7 zeigt den Jet von M 87 im roten Licht in bisher nicht gesehener Klarheit. Die zugrundeliegende Aufnahme ist im März 1987 von M. SCHLÖTELBURG mit dem 3,5-m-Teleskop auf dem Calar Alto und einem modernen CCD-Halbleiterdetektor (s. u.) bei extrem guter Luftruhe gewonnen worden. Das hier reproduzierte Bild unterscheidet sich von dem Original und der Abb. 6 dadurch, daß der von den Sternen der Galaxie stammende diffuse Lichthof, er überstrahlt den Jet nahe seines Ursprungs, mit Methoden der rechnerischen Bildverarbeitung subtrahiert wurde. Der Jet ist infolgedessen bis in das Zentrum der Galaxie hinein zu verfolgen. Deren innerster Kern gibt sich in dem vom Jetanfang etwas abgesetzten hellen Punkt zu erkennen. Hier haben wir die Quelle des Jets und der

Aktive Galaxien

Aktivität vor uns, ein offensichtlich im Vergleich zur Ausdehnung der Galaxie räumlich sehr eng begrenztes Gebiet enormer Leuchtkraft.

Der in Abb. 7 herauspräparierte M 87-Jet und die stellaren Jets, für deren Studium die Heidelberger Akademie Reinhard MUNDT mit ihrem Preis des Jahres 1987 ausgezeichnet hat, sind morphologisch einander sehr ähnlich. In beiden Fällen begegnen wir einem eng gebündelten, knotigen Strahl leuchtender Materie, die mit hoher Geschwindigkeit nach außen getrieben wird, und es war ohne Frage eine der großen astronomischen Überraschungen der letzten Jahre, dieses selbe Phänomen unter so verschiedenartigen Umständen zu finden. Die Dimensionen sind ja bei den Galaxien ganz andere: Die Jets von Sternen erstrecken sich über Bruchteile, die galaktischen dagegen über Tausende von Lichtjahren. Und auch die Geschwindigkeit der ausgestoßenen Materie ist um ein Vielfaches höher als bei den Sternen. Sodann sehen wir bei den galaktischen Jets eine grundverschiedene Art von Strahlung, nicht ein Linienspektrum heißen Gases, das entsprechend seiner Temperatur leuchtet, sondern hochenergetische, nahezu mit Lichtgeschwindigkeit fliegende Elektronen emittieren, in Magnetfeldern spiralend, ein kontinuierliches Spektrum. Dieser Mechanismus ist von den Elektronenbeschleunigern der Physik – den Synchrotrons wie das DESY in Hamburg – bekannt, man spricht deshalb von Synchrotronstrahlung. Je weiter sie zu kurzen Wellenlängen reicht, desto höhere Energien sind beteiligt; bei den galaktischen Jets, die allein im Radiobereich leuchten, fehlen die Elektronen extremer Energie, die es für sichtbares oder gar Röntgenlicht braucht.

Die Extremfälle der bisher vorgestellten Klasse aktiver Galaxien sind die Quasare, die ebenfalls anhand ihrer intensiven Radiostrahlung entdeckt wurden. Ihr optisches Bild war zunächst von dem eines Sterns nicht zu unterscheiden, – darum die Bezeichnung „quasistellare Objekte" –, sie wären der optischen Beobachtung allein wohl nie als etwas Besonderes aufgefallen. Bei einzelnen ist außerdem hochenergetisches Röntgenlicht nachgewiesen, teilweise leuchten sie auch intensiv im Infraroten. Wie man heute weiß, ist aber die Radiostrahlung gar nicht die wesentliche Erkennungsmarke, es gibt nämlich viele „radioruhige" Quasare.

Den Schlüssel zum Verständnis lieferte das Spektrum ihres sichtbaren Lichtes. Dieses konnte zunächst nicht entziffert werden, bis Maarten SCHMIDT vom Mt. Palomar Observatorium 1963 erkannte – vier solche „Radiosterne" waren bis dahin gefunden worden –, daß es sich aus extrem weit ins Rote verschobenen Linien des Wasserstoffs und anderer relativ häufiger Elemente zusammensetzt und Fluchtgeschwindigkeiten vorher unbekannter Größe anzeigt.

Als Beispiel enthält die Abb. 8 das Spektrum eines Quasars, der 1982 mit dem anglo-australischen 3,9-m-Teleskop entdeckt worden ist und zu den Objekten mit den größten gegenwärtig bekannten Rotverschiebungen gehört. Einige der Emissionslinien sind gekennzeichnet. Ihre Identifikation ist zweifelsfrei, da sie einerseits typisch sind für die Spektren aktiver Galaxien, also auch für weniger extreme, und andererseits ihre relative Lage zueinander mit den aus dem Labor bekannten Wellenlängen sich durch die Rotverschiebung nicht verändert. Letztere

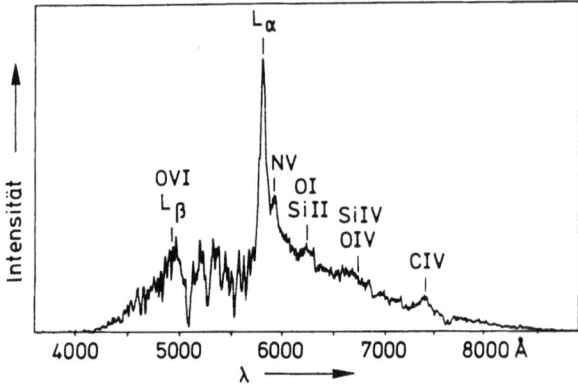

Abb. 8. Spektrum des Quasars PKS 2000-330 mit der Rotverschiebung z = 3,78. Die Skala am unteren Bildrand entspricht den beobachteten Wellenlängen in Å. Einzelne Emissionslinien sind identifiziert (B. A. PETERSON et al., Astrophys. Jour. **260** (1982) L 27)

wird üblicherweise durch $z = \Delta\lambda/\lambda_0$ charakterisiert, mit $\Delta\lambda$ als Differenz zwischen der beobachteten Wellenlänge λ der versetzten Spektrallinie und ihre Ruhe- oder Laborwellenlänge λ_0. Bei richtiger Identifizierung der registrierten Linien muß sich für alle dasselbe z ergeben.

Die Laborwellenlänge der im Spektrum der Abb. 8 stark herausragenden Wasserstofflinie Lyman α ist 1216 Å, die der Kohlenstofflinie C IV 1549 Å. Wie die Skala am unteren Bildrand zeigt, ist die erstere nach 5800 Å, die letztere nach 7400 Å verschoben. Auch für die anderen Linien erhält man mit geringen Abweichungen Werte nahe z = 3,78. Der Astronom ist nicht zuletzt davon stark beeindruckt, daß dieser vom Erdboden aus normalerweise unzugängliche ultraviolette Teil des Spektrums hier durch die enorme Rotverschiebung in das atmosphärische Fenster des sichtbaren Lichtes hineinrutscht.

Nach der Dopplerformel, einschließlich ihrer relativistischen Korrektur, die bei so großen z-Werten merklich wird, entspricht z = 3,78 einer Radialgeschwindigkeit von 276 000 km/sek, das sind 92 Prozent der Lichtgeschwindigkeit. Mit Hilfe der Hubble-Relation, von der freilich nicht bekannt ist, ob sie für solche extremen Fluchtgeschwindigkeiten noch genau gilt, läßt sich die Entfernung dieses Quasars mindestens abschätzen: Sie folgt zu etwa 18 Milliarden Lichtjahren. Auch viele andere Quasare, und man kennt heute weit über tausend, stehen in Distanzen von mehr als 10 Milliarden Lichtjahren.

Allem Anschein nach handelt es sich um die überhellen aktiven Kerne weit entfernter Galaxien. Die Konzentration der Aktivitätsquelle auf einen relativ kleinen Kern hat uns schon die Abb. 7 vom Inneren des Systems Virgo A vor Augen geführt. Ein im Vergleich dazu vielfach leuchtkräftigeres Zentrum in entsprechend großer Distanz erscheint dem irdischen Beobachter quasistellar, als Lichtpunkt, während die umgebende Galaxie unterhalb der Nachweisgrenze bleiben kann. Neuere Beobachtungen haben indessen in mehreren Fällen gezeigt, daß die Quasare in einen lichtschwachen Halo eingebettet sind, wie es nach der soeben skizzierten Vorstellung zu erwarten ist.

Ihre Energieabstrahlung reicht nicht selten an das Tausendfache der einer normalen Galaxie heran oder geht sogar darüber hinaus. Das ist ja der Grund, warum die Quasare in diesen enormen Entfernungen überhaupt zu sehen sind. Ein Faktor 1000 in der Leuchtkraft bedeutet mehr als das 30fache ($\sqrt{1000}$) an überbrückbarer Distanz. Das demonstriert, in welchem Ausmaß sich der Horizont astronomischer Beobachtung durch ihre Entdeckung erweitert hat. Und da ihr Licht Milliarden Jahre unterwegs ist, bis es unsere Teleskope erreicht, sehen wir sie in einem Milliarden Jahre zurückliegenden Zustand. Ihre Beobachtung führt uns somit weit zurück in die kosmische Frühgeschichte, in die Nähe der Geburt des Universums, das nach heutigem Kenntnisstand im Feuerball des Urknalls vor rund 20 Milliarden Jahren entstanden ist.

Zusammenfassend ist festzuhalten, daß für die bislang diskutierten Objekte als gemeinsames Merkmal ihr aktiver Kern gelten muß. Er ist die Quelle für die Abweichungen vom Normalen und der verstärkten Ausstrahlung. In der Regel hat er einen erstaunlich kleinen Durchmesser. So gibt es bei Quasaren Indizien dafür, daß das Aktivitätszentrum weniger als 1 Lichtjahr ausgedehnt ist; die Leuchtkraft von tausend Galaxien entsteht also innerhalb eines Volumens, das nochnichteinmal von der Sonne zu dem uns nächsten Fixstern reichen würde! Charakteristisch ist ferner das Auftreten hochkollimierter Jets, in denen Materie mit enormer Geschwindigkeit aus der Galaxie abfließt; auch bei Quasaren werden sie beobachtet. Dieses Phänomen erinnert an den Düsenstrahl eines Flugzeugs, zu dessen Bündelung nicht zuletzt der Druck des von ihm durchstoßenen Luftkörpers beiträgt. Auch die Galaxienjets schießen nicht etwa in das absolute Vakuum, sondern in ein extrem dünnes intergalaktisches Medium hinein, von dem sie schließlich abgebremst und vermutlich dabei aufgeweitet werden. Wie das im einzelnen passiert, ist jedoch alles andere als klar.

Eines unserer Beobachtungsprogramme am Calar Alto zielt darauf ab, die Jets bei Wellenlängen des Sichtbaren zu beobachten, und insbesondere in den Radioblasen an ihren Enden nach optischen Spuren zu suchen. Letzteres ist K. MEISENHEIMER und H. J. RÖSER tatsächlich zum ersten Mal in einigen wenigen Fällen gelungen. Daraus lassen sich Aufschlüsse über das Energiespektrum der strahlenden Elektronen und, mit Hilfe von Polarisationsmessungen, über die vorhandenen Magnetfelder gewinnen. Es besteht Aussicht, auf diesem Weg die Physik der Jets und ihrer Wechselwirkung mit dem die Galaxie einhüllenden intergalaktischen Medium besser verstehen zu lernen.

Es sei noch einmal hervorgehoben, daß nicht alle aktiven Galaxien von dem beschriebenen Typ der Kernquellen sind. Wir werden im folgenden noch auf eine zweite davon verschiedene Sorte zu sprechen kommen. An ihnen ist aber erfahren worden, daß es überhaupt Galaxien gibt, die so ganz anders sein können als die normalen. Sie sind heute in größerer Zahl bekannt und systematisch untersucht. Für das Verständnis der Aktivitätserscheinungen kommt den Kernquellen sicher eine Schlüsselrolle zu.

Ansätze zur Deutung – Wechselwirkende Galaxien

Wie schon eingangs erwähnt, sind die geschilderten Befunde in ihren Ursachen weithin unverstanden, obwohl es wenig Zweifel daran geben kann, was der Erklärung bedarf und wo Deutungsversuche anzusetzen haben. Eine kleine Auswahl der sich geradezu aufdrängenden Fragen sei hier herausgestellt:

a) Was ist die Energiequelle, aus der die Abstrahlung der aktiven Galaxien gespeist wird? Zunächst ist vielfach vermutet worden, die Astronomie sei erneut auf einen bis dahin unbekannten Prozeß der Energieerzeugung gestoßen, analog dem Problem der stellaren Energiequellen vor der Entdeckung der thermonuklearen Fusion im Sterninneren. Auch ist erörtert worden, ob man in einem aktiven Galaxienkern die Zerstrahlung von Materie und Antimaterie beobachte. Wie wir noch sehen werden, zeichnet sich des Rätsels Lösung heute aber in ganz anderer Richtung ab.

b) Wie kommt es zu dem mit hoher Energie befrachteten Auswurf von Materie? Im Zusammenhang mit dieser Frage redet man von Explosionen in den aktiven Zentren, ohne aber genau zu wissen, was explodiert und aus welchem Grund.

c) Warum ist die ausgeschleuderte Materie in engen Strahlen gebündelt? – anders ausgedrückt: Was sind die für die Jets verantwortlichen Düsen? Dabei wird auch an die stellaren Jets zu denken sein, wo eher die Aussicht besteht, durch empirische Untersuchungen weiterführende Einsichten zu gewinnen.

Es gibt durchaus Ansätze und Modellentwürfe für die Beantwortung dieser und auch anderer, hier nicht erwähnter Fragen; von definitiven und allgemein anerkannten Lösungen kann allerdings keine Rede sein.

Meine weiteren Ausführungen werden sich auf das an erster Stelle genannte Energieproblem und die damit eng verknüpften Aspekte beschränken. Es hat allgemeineren Charakter als die anderen, da es alle aktiven Galaxien gleichermaßen betrifft, nicht nur die vorher besprochenen. Darüber hinaus sind dafür aufgrund neuerer Befunde überzeugende Antworten in Sicht.

Wenn wir zunächst wieder an die aktiven Kerne denken, dann erscheint es als nicht völlig abwegig, eine ungewöhnlich dichte Packung vieler Sterne im Zentrum einer Galaxie anzunehmen, die Produktion der erforderlichen Energie also im Sterninneren zu vermuten und auf die bekannten Prozesse der nuklearen Verbrennung zurückzuführen. Dann müßte allerdings innerhalb eines Volumens von einem Lichtmonat ein Vielfaches des Sterngehalts unseres Milchstraßensystems konzentriert sein. Extrem dichte Sternhaufen, in denen es am laufenden Band zu

Aktive Galaxien 23

Zusammenstößen und Supernovaausbrüchen kommen sollte, sind als Quasarkerne ernsthaft diskutiert worden. Man darf dann jedoch nicht vergessen, daß mit einer solchen Massierung auf kleinstem Raum auch ein entsprechend starkes Schwerefeld verknüpft ist. Und viel Masse, stark komprimiert, läuft Gefahr, in einem Schwarzen Loch zu verschwinden. Die Grenze zu diesem Abgrund wird mit solchen Modellen schnell überschritten. Das ergiebigste Kraftwerk in einem Schwarzen Loch nützt aber gar nichts, weil die Energie nicht heraus kann: Das Schwerefeld ist so stark, daß jede Form von Strahlung in ihm gefangen bleibt und in das Schwarze Loch zurückgeworfen wird.

Schwarze Löcher gelten allerdings für unsere Thematik in anderer Hinsicht als vielversprechend: Beim Sturz von Materie auf ein anziehendes Zentrum geringen Durchmessers, aber großer Masse – und ein Schwarzes Loch wäre ja ein solches – wird diese vor dem Auftreffen auf hohe Geschwindigkeiten beschleunigt und bringt dementsprechend viel kinetische Energie mit. Davon könnte beim Aufprall ein merklicher Teil in Strahlung umgesetzt werden; die gesuchte Energie entstünde dann auf ganz andere Weise als vorher erörtert, nämlich durch die Umwandlung von Gravitationsenergie der fallenden Materie in Strahlungsenergie. Modelle mit einem Schwarzen Loch als Kern einer aktiven Galaxie sind im Detail daraufhin studiert worden, wie von außen einstürzende Materie sich im Sog des Zentrums erhitzt und vor dem endgültigen Verschwinden abstrahlt. Es könnten Sterne sein, die auf den Kern fallen und von dessen starkem Schwerefeld zerrissen und zerrieben werden. Das Attraktive an diesem Bild ist die relativ geringe Masse, die im Sturz gebraucht wird, um sogar die Leuchtkraft eines Quasars zu decken: Dank der hohen Ausbeute dieses Prozesses reichen pro Jahr einige Sonnenmassen aus.

Im Hinblick auf das Folgende sei jedoch hervorgehoben, daß das anziehende Schwerezentrum keineswegs ein Schwarzes Loch sein muß. Den Astronomen ist die skizzierte Umsetzung von Gravitationsenergie in Strahlung in ganz anderem Zusammenhang vertraut geworden: Seit wenigen Jahren kennt man eine Reihe von Objekten in unserem Milchstraßensystem, die energiereiches Röntgenlicht abstrahlen. Es sind hochverdichtete Sterne mit sonnenähnlicher Masse, aber Durchmessern von nur einigen 10 Kilometern. In ihnen liegt die Materie in der dichtesten möglichen Packung vor, 100 Millionen Tonnen pro cm^3 ist ein typischer Dichtewert; er entspricht dem eines Atomkerns. Diese Neutronensterne repräsentieren ein Endstadium der Sternentwicklung, dem zum Beispiel der Kollaps einer Supernova vorausgeht. Als intensive Röntgenquellen werden sie beobachtet, wenn sie einem Doppelsternsystem angehören und ihrem Partner Materie entreißen.

Masseaustausch zwischen den beiden Komponenten eines Doppelsterns ist ein seit langem bekanntes Phänomen. Das Besondere dieses Falls liegt darin, daß der Neutronenstern bei beträchtlicher Masse eine vergleichsweise winzige Kugel darstellt und infolge dieser Kompaktheit die von der anderen Komponente in freiem Fall einstürzende Materie auf Geschwindigkeiten beschleunigt, die fast an die

Lichtgeschwindigkeit c heranreichen. Ihre kinetische Energie ist dann so groß, daß bei der Abbremsung auf der Oberfläche des Neutronensterns und der Umsetzung in Strahlung Röntgenlicht entsteht.

Das Wesentliche sei noch durch folgende Zahlen verdeutlicht: Ein Teilchen, beispielsweise ein Wasserstoffatom, das aus großer Entfernung auf die Sonne auftrifft, ist durch deren Schwereanziehung auf 618 km/sek beschleunigt worden (Sonnenradius 700000 km). Auf einem Stern derselben Masse, die aber in einer Kugel mit 10 km Radius konzentriert ist, kommt dasselbe Teilchen mit einer Geschwindigkeit von 163000 km/sek (= 0,54 c) und 70000fach höherer kinetischer Energie von etwa 170 MeV an. Selbst wenn nur ein Bruchteil davon in Strahlung umgewandelt wird, ist die Ausbeute merklich größer als die etwa 6 MeV, die pro Wasserstoffatom bei der Kernfusion zu Helium entstehen. Damit soll gesagt sein, daß bei entsprechend hoher Beschleunigung und effektiver Transformation in Strahlung das Freisetzen von Gravitationsenergie eine außerordentlich ergiebige Energiequelle sein kann, die unter extremen Umständen sogar den Energiegewinn durch nukleare Verbrennung, wie sie in den Sternen geschieht, zu übertreffen vermag.

Wohlgemerkt: Mit diesen Ausführungen soll nicht ein bestimmtes Modell der inneren Struktur einer aktiven Galaxie favorisiert werden, und auch im folgenden wird es dafür keine eindeutige Antwort geben; ich wollte vielmehr an Hand eines konkreten Beispiels auf ein Energiereservoir universellen Charakters hinweisen, das allem heutigen Anschein nach bei den Aktivitätserscheinungen von Galaxien mit im Spiel ist. Unbeschadet irgendwelcher Details sei nicht vergessen, daß die großen Sternsysteme riesige Anhäufungen von Masse sind, von denen eine entsprechend starke gravitative Anziehung ausgeht.

Welchen Quellen könnte denn ein den inneren Regionen einer Galaxie energiebringender Strom entspringen? Dafür gibt es mehrere Möglichkeiten:

1) Die Materie könnte aus der Galaxie selbst stammen. Da unter normalen Bedingungen die Bahnen innerhalb eines solchen Systems stabil sind, müßten dem allerdings Störungen des Bewegungszustandes vorausgehen, die neue Bahnformen erzwingen. Wie wir gleich sehen werden, ist mit Einwirkungen dieser Art von außen durchaus zu rechnen.

2) Die Galaxie könnte aus dem sie umgebenden intergalaktischen Raum Teile des dort vorhandenen Mediums ansaugen.

3) Als Lieferant kommt auch ein benachbartes System in Frage, analog dem erwähnten Beispiel des Materieaustauschs zwischen den Komponenten eines Doppelsterns. Dieser Fall wird im folgenden von besonderem Interesse sein.

Wie bereits erläutert, bewegen sich die Galaxien innerhalb ihrer Haufen auf zufällig verteilten Bahnen um ein gemeinsames Zentrum. Dadurch ändern sich ihre gegenseitigen Abstände, es kommt zu nahen Vorbeiflügen oder gar, im Extremfall, zur Kollision zweier Systeme. Bereits bei einer Begegnung auf Distanz führt die gegenseitige Anziehung zu Deformationen des regulären Aufbaus, die in Verbiegungen der Galaxienkörper, in herausgezerrten Schwänzen oder in Lichtbrücken zwischen den korrespondierenden Partnern ihren Ausdruck finden.

Begegnungen von Galaxien und die dabei auftretenden Effekte sind in den letzten Jahren mit zum Teil sehr aufwendigen Rechnungen auf Computern simuliert worden. Die erste umfassende Untersuchung dieser Art, die noch von stark vereinfachenden Modellen ausging, aber bereits wesentliches zeigte, weil sie beobachtete und bis dahin unverstandene Strukturen erklären konnte, wurde 1972 von Alan und Juri TOOMRE publiziert (Astrophys. Jour. **178**, 623). Sie steht in enger Beziehung – das bleibe hier nicht unerwähnt – zu Arbeiten des 1963 verstorbenen Mitglieds unserer Akademie Heinrich SIEDENTOPF, meines Tübinger Lehrers. Von ihm und seinem damaligen Doktoranden Jörg PFLEIDERER, heute Ordinarius in Innsbruck, sind 1961 und 1963 in der „Zeitschrift für Astrophysik" erste numerische Ergebnisse über die gravitative Wechselwirkung von Galaxien veröffentlicht worden, die der Frage gewidmet waren, ob das Phänomen der Spiralstruktur von nahe passierenden Nachbarsystemen ausgelöst werde. SIEDENTOPF und PFLEIDERER kamen zu einer negativen Antwort. Die Brüder TOOMRE geben ihrer Verwunderung darüber Ausdruck, daß diese Arbeiten so wenig Beachtung fanden und meinen, sicherlich zutreffend, daran sei nicht zuletzt der deutsche Text schuld. Auch manch anderer Veröffentlichung jener Jahre ist aus diesem Grund die verdiente internationale Anerkennung versagt geblieben!

Einige der Ergebnisse der beiden TOOMRES sind in den Abb. 9a und 9b reproduziert. Die eine Galaxie wird durch 120 „Sterne" in ebener Anordnung dargestellt, die ein punktförmiges Zentrum umkreisen, in dem die ganze Galaxienmasse konzentriert ist. Ein zweiter Massenpunkt repräsentiert die auf einer koplanaren Parabelbahn vorbeifliegende Galaxie. Die Betrachtung entspricht, wie bei SIEDENTOPF und PFLEIDERER, dem eingeschränkten Drei-Körper-Problem: Studiert wird das Verhalten der die Rolle von Testteilchen spielenden Sterne unter dem Einfluß der beiden gravitierenden Zentren. Die Sterne selbst sind als masselos angenommen, ihre untereinander ausgeübten Gravitationskräfte bleiben im Rahmen dieser Näherung gegenüber der Anziehung der beiden Zentren unberücksichtigt. Die sonstigen Parameter, wie Ausdehnung der gestörten Galaxie, Minimalabstand der störenden und die Gesamtmassen sind realistisch angesetzt. So liegt die Relativgeschwindigkeit zum Zeitpunkt der größten Annäherung bei 200 km/sek, die Sterne des äußersten Ringes bewegen sich auf ihrer Kreisbahn um das Zentrum mit 170 km/sek. Im Fall der Abb. 9a verhalten sich die Massen der beiden Systeme wie 4:1, im Fall der Abb. 9b wie 1:1. Gezeigt wird der zeitliche Ablauf in Schritten von 100 Millionen Jahren, zum Zeitpunkt 0 ist der gegenseitige Abstand der beiden Zentren am kleinsten.

Im Beispiel von Abb. 9a entwickelt sich zuerst aus Partikeln der äußersten Zonen eine Brücke zur störenden Galaxie, dann auf der anderen Seite ein Gegen-

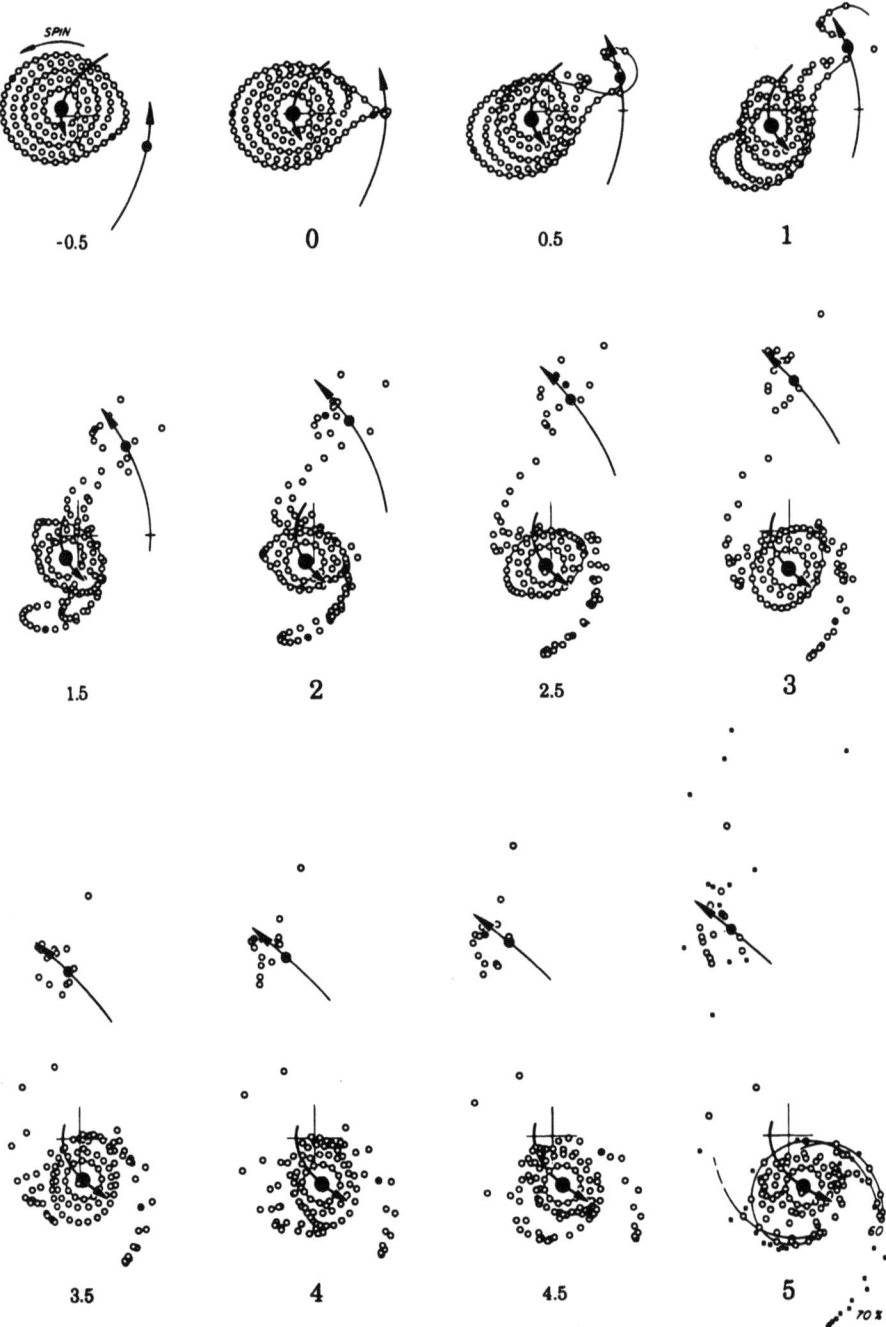

Abb. 9a. Begegnung und gravitative Wechselwirkung zweier Galaxien nach Modellrechnungen. Die Masse der störenden Galaxie (Bewegung von unten nach oben) ist 1/4 der Masse der anderen. Das Zeitintervall 1 entspricht 100 Millionen Jahren; weitere Einzelheiten siehe Text. (A. und J. Toomre, Astrophys. Jour. **178** (1972) 623)

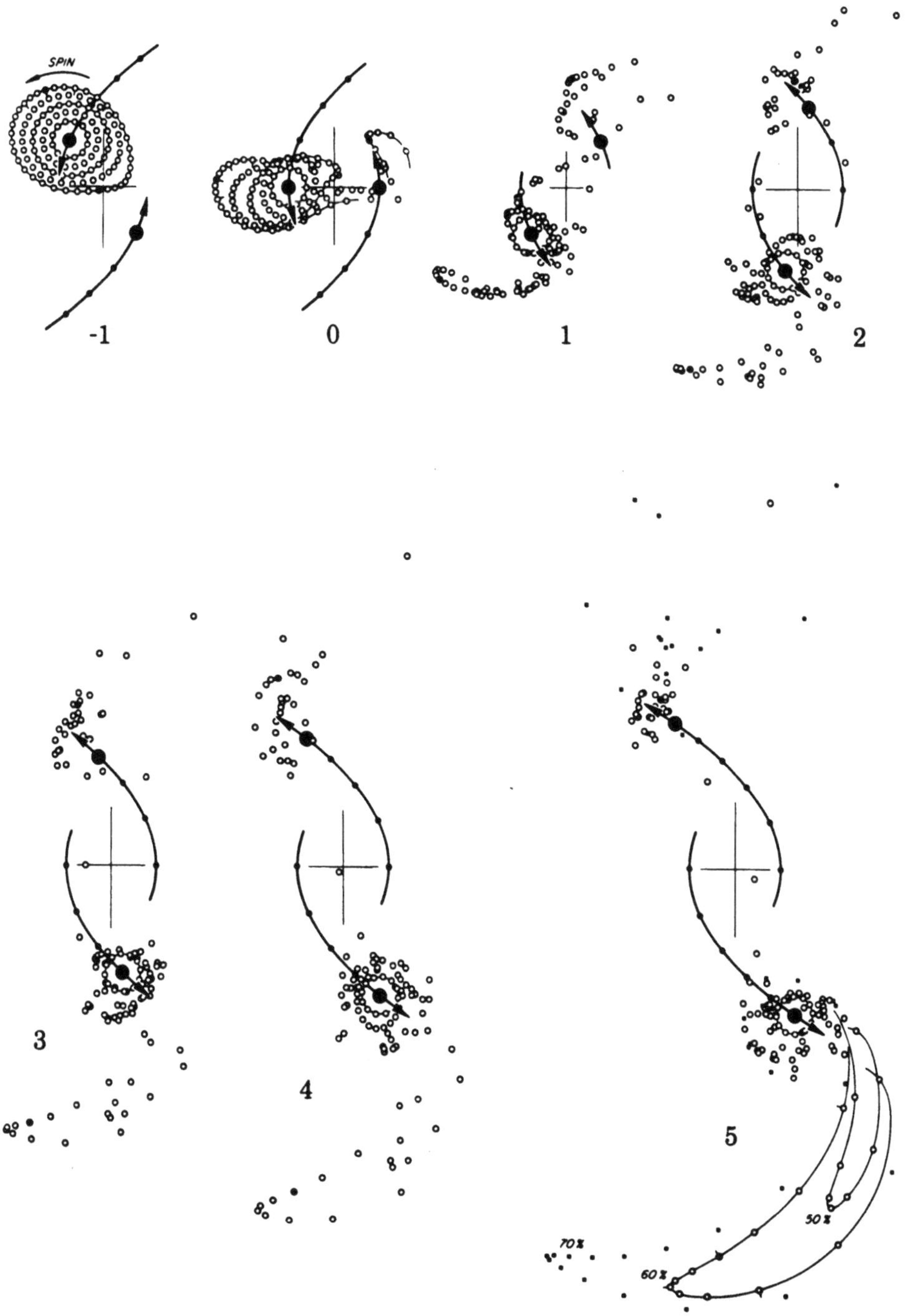

Abb. 9b. Gleiche Masse von störender und gestörter Galaxie. Sonst wie Abb. 9a

arm. Mit der Zeit spüren auch die inneren Partien den Störenfried. Dieser fängt im weiteren Verlauf den größeren Teil des abgelösten Materials ein, um ihn mit sich fortzuschleppen; geringe Mengen entweichen in den intergalaktischen Raum.

Im zweiten Fall (Abb. 9b) sind die Effekte wegen der größeren Masse der störenden Galaxie merklich dramatischer. Ein großer Teil der Sterne wechselt über, die Störung wirkt sich bis in die Nähe des Zentrums aus. Übrig bleibt ein System mit einem langen einseitigen Ausläufer und durcheinandergewirbelter innerer Struktur.

Die Bilder demonstrieren nur eine Seite der Medaille. Die vorbeifliegende Galaxie wird natürlich in ähnlicher Weise deformiert und verliert Substanz an den Partner. Des weiteren ist anzumerken, daß in beiden Fällen die Voraussetzungen für ausgeprägte Effekte relativ günstig gewählt sind: einmal durch die Bahn des Störers, die in der Ebene der Sternscheibe angenommen ist, zum andern durch seine Bewegungsrichtung, die dem Rotationssinn des gestörten Systems entspricht. Auch die annähernd gleichen Geschwindigkeiten der passierenden Galaxie und der äußeren Sterne haben zur Folge, daß die Störung lange anhält und sich dementsprechend intensiv auswirkt. Generell sind langsame Begegnungen besonders effektiv.

Mit dem Austausch von Masse und den Eingriffen in die Struktur der Systeme ändert sich auch deren energetischer Zustand. Die Begegnungen der beschriebenen Art laufen nämlich darauf hinaus, daß die Energie der inneren Bewegungen wächst, auf Kosten der Bahnenergie der beiden Galaxien. Dasselbe gilt für den Drehimpuls. Insbesondere die lang ausgezogenen Schwänze nehmen viel Drehimpuls auf, er wird der Bewegung der Gesamtsysteme entzogen. Beides bedeutet für deren Bahnen den Zwang zu schrumpfen. Langfristig kommen sich die beiden Galaxien dadurch in einer spiralförmigen Bewegung immer näher (sofern kein anderes Störzentrum dazwischentritt), bis sie sich schließlich gegenseitig durchdringen und verschmelzen. Dann sind Energie und Drehimpuls der ursprünglichen Bahnen völlig verbraucht und, abgesehen von dem intergalaktisch entwichenen Anteil, in innere Bewegung *eines* Systems überführt.

Eine ganze Reihe verfeinerter Rechnungen, die in den letzten Jahren von verschiedenen Autoren veröffentlicht wurden und den wirklichen Verhältnissen gewiß näher kommen, haben die Ergebnisse der Brüder TOOMRE in den großen Zügen nur bestätigt. Heute kann nicht mehr bezweifelt werden, daß die wesentlichen Eigenheiten wechselwirkender wie auch kollidierender Galaxien allein auf die Gravitation zurückgehen. Für unser Thema sind dabei vor allem die mit Energiegewinn verbundenen Störungen des inneren Bewegungszustandes und der Zuwachs an Masse interessant.

Ein bekanntes, wenn auch nicht gerade spektakuläres Beispiel eines wechselwirkenden Galaxienpaares zeigt die Abb. 10: Das Spiralsystem M 51 (= NGC 5194) ist in den Randbezirken durch den Begleiter NGC 5195 deutlich deformiert, eine Konstellation, die an Abb. 9a erinnert. Im Folgenden werden wir noch andere Fälle kennenlernen.

Abb. 10. Ein wechselwirkendes Galaxienpaar: M 51 und NGC 5195
(Aufnahme: J. QUESADA und K. BIRKLE, 2,2-m-Teleskop Calar Alto)

Infrarotgalaxien

Die gravitative Wechselwirkung von Galaxien wird schon seit längerem diskutiert und läßt sich heute an einer nicht ganz kleinen Zahl von Beispielen belegen. Erst neuerdings ist hingegen der Verdacht aufgekommen, das Umfeld der Sternsysteme spiele auch für ihre Aktivitätserscheinungen eine wesentliche Rolle, und in der Tat gibt es mittlerweile eine Reihe klarer Hinweise, die dafür sprechen, daß die Aktivität von Galaxien durch Wechselwirkung mit Nachbarn ausgelöst und gefüttert werden kann.

So sind oftmals die aktiven Systeme die größten und massereichsten Mitglieder einer Gruppe oder eines Haufens; ein Beispiel dafür ist die in den Abb. 2 und 6 gezeigte elliptische Riesengalaxie M 87 (= Virgo A). Könnten das die Kannibalen sein, die sich, wie im vorhergehenden Abschnitt beschrieben, andere Systeme einverleibt haben und durch Verschmelzung angeschwollen sind? Ein anderes Indiz ist das heute statistisch gesicherte Faktum, daß die Galaxienzahl in der Umgebung von Quasaren etwas höher ist als normal. Auch scheinen in einzelnen Fällen nahe Begleiter vorhanden zu sein. Das sind, wie gerne zugegeben sei, keine wirklich beweiskräftigen Argumente. Man muß jedoch zum ersten bedenken, daß bei den großen Zeitskalen dieser Vorgänge keinerlei Chancen bestehen, zeitliche Veränderungen der Art verfolgen zu können, wie sie nach den Rechnersimulationen zu erwarten und in den Abb. 9a und 9b beispielhaft dokumentiert sind. (Nicht umsonst zeigen die TOOMREs ihre Diagramme in Intervallen von 50 bzw. 100 Millionen Jahren!) Zum anderen sind gerade die Quasare in aller Regel viel zu weit entfernt, um Einzelheiten des zu vermutenden Wechselspiels mit benachbarten Systemen erkennen zu lassen.

In dieser Hinsicht überzeugende Befunde stammen indessen aus jüngster Zeit und betreffen eine besondere Klasse aktiver Galaxien. Diese zeichnen sich durch eine vor allem im Infraroten überhöhte Strahlung aus (Abb. 11), ein Merkmal, das in seinem vollen Umfang erst deutlich wurde aufgrund der Messungen des

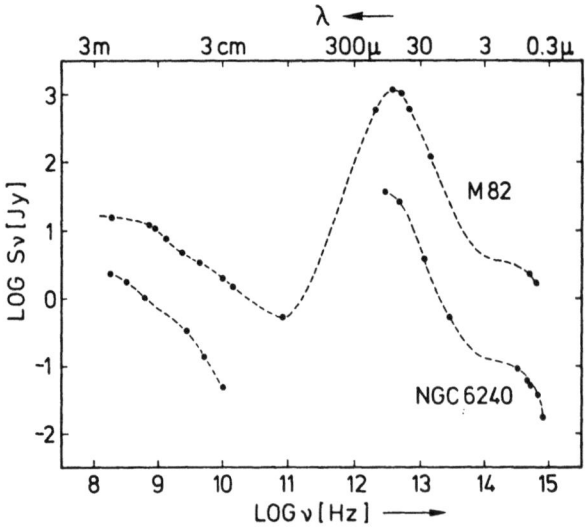

Abb. 11. Spektrale Energieverteilung (Strahlungsfluß S_ν in Abhängigkeit von der Frequenz ν bzw. Wellenlänge λ) von zwei Galaxien mit ausgeprägtem Maximum im Infraroten zwischen 30 und 300 µm Wellenlänge. Sichtbarer Teil des Spektrums am rechten Ende, Radiobereich links. Siehe auch Abb. 18

1983 gestarteten Satelliten IRAS (Infrared Astronomy Satellite). Mit ihm war es zum ersten Mal möglich geworden, den ganzen Himmel nach Quellen langwelliger Infrarotstrahlung (bis 100 µm) zu durchmustern, also in einem Bereich von Wellenlängen, für den die Atmosphäre ein undurchdringliches Hindernis darstellt und der deshalb mit erdgebundenen Beobachtungen nicht zu fassen ist. Der IRAS hat Tausende vorher unbekannter Quellen entdeckt, und nicht zuletzt in Himmelszonen nahe der Milchstraßenpole, in einer für die Beobachtung extragalaktischer Objekte besonders günstigen Blickrichtung. In vielen Fällen mußte jedoch die Natur der entdeckten Quellen vorerst im dunkeln bleiben, weil es an optischen Identifikationen fehlte und selbst im Palomar Sky Survey, einem bis zu recht schwachen Helligkeiten reichenden photographischen Himmelsatlas, vielfach nur unzureichende oder gar keine Spuren zu sehen sind.

Am Max-Planck-Institut für Astronomie beschäftigen wir uns zur Zeit mit der Untersuchung extragalaktischer IRAS-Quellen und meine restlichen Ausführungen gelten einigen der dabei gewonnenen Ergebnisse. Wir setzen für diese Arbeiten die Instrumente unserer Sternwarte auf dem Calar Alto in Südostspanien ein, insbesondere das seit 1985 zur Verfügung stehende Spiegelteleskop mit 3,5 m Öffnung (Abb. 12 und 13). Dieses von Carl ZEISS Oberkochen gebaute Gerät gehört zu den größten und modernsten astronomischen Fernrohren, die es heute gibt; es ist von hervorragender Qualität und seine enorme Lichtstärke trägt entscheidend zum Erfolg dieser Untersuchungen bei. Die vom Teleskop aufgesammelte Strahlung wird bei Beobachtungen im Optischen zudem von einer neuartigen Kamera registriert, die als lichtempfindliches Element einen CCD-Halbleiterdetektor (Charge-Coupled Device) enthält, einen etwa fingernagelgroßen Chip mit üblicherweise rund 160000 Bildpunkten (Pixel). Dieser Detektortyp hat die astronomische Beobachtungstechnik im optischen Bereich revolutioniert. Er ist 100fach empfindlicher als die klassische photographische Emulsion und hat ihr gegenüber noch andere ins Gewicht fallende Vorteile. Die Bilder, seien es direkte Aufnahmen oder Spektren der beobachteten Objekte, entstehen auf einem Monitor mit Hilfe eines Rechners, der die von den einzelnen Pixeln ausgelesenen und elektronisch verstärkten Signale verarbeitet. Zur weiteren Auswertung wird der Bildinhalt auf Magnetband übertragen.

Die vom IRAS stammenden Informationen betreffen die Helligkeit der gefundenen Quellen und ihre mit bestimmten Fehlern behaftete Position am Himmel. Die „Sehschärfe" des IRAS-Teleskops reichte dagegen nicht aus, jedenfalls nicht bei den hier interessierenden Objekten, Einzelheiten ihrer Struktur zu erkennen, so daß Aussagen über die Natur der Quellen zusätzliche Beobachtungen verlangten.

In einem ersten Schritt hat deshalb Ulrich KLAAS, einer meiner Doktoranden, mit dem 3,5-m-Teleskop an den vom IRAS ermittelten Positionen langbelichtete CCD-Bilder aufgenommen. Das geschah zwar bei merklich kürzeren Wellenlängen als denen der IRAS-Durchmusterung, bedeutete aber eine weit bessere räumliche Trennschärfe, und, wie sich zeigte, sind dank der hohen Empfindlichkeit

Abb. 12. Blick von Süden auf die Teleskopgebäude des Calar Alto. Von links nach rechts: 1,5-m-Teleskop des Observatoriums Madrid, SCHMIDT-Spiegel, 1,2-m-Teleskop, 2,2-m-Teleskop, 3,5-m-Teleskop. Die Durchmesser der Kuppeln gehen von 10 bis 30 m. (Luftbild C. ZEISS Oberkochen)

Abb. 13. Das 3,5-m-Teleskop. Der Tubus mit dem Hauptspiegel von 3,5 m Durchmesser am unteren Ende wird von einer Montierung getragen, die es erlaubt, das Teleskop auf die interessierende Position am Himmel auszurichten und der täglichen Bewegung nachzuführen. Die Montierung ist auf den Himmelspol (Polarsten) orientiert, auf der Nordseite (hinten) wird sie von einem großen Hufeisen abgeschlossen. (Aufnahme: Georg FISCHER Hamburg)

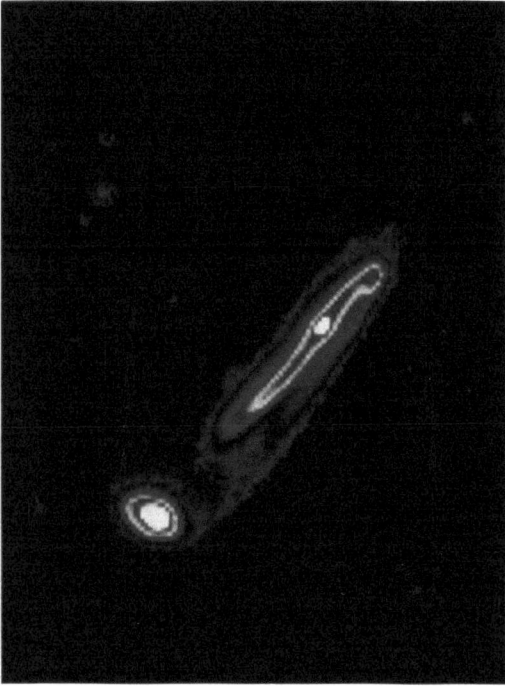

Abb. 14. Galaxienpaar in Wechselwirkung an der Position der IRAS-Quelle 01270+3101 nach eine CCD-Aufnahme von U. KLAAS mit dem 3,5-m-Teleskop. (Falschfarbenbild)

der Kombination „Teleskop+CCD" viele der Objekte im Sichtbaren wirklich zu identifizieren. Die Hoffnung, in der Nähe des nördlichen Milchstraßenpols viele extragalaktische Quellen zu finden, hat sich in der Tat erfüllt. Die eigentliche Überraschung war jedoch der hohe Anteil an gestörten Galaxien und offensichtlich wechselwirkenden Systemen.

Einige Beispiele werden in den Abb. 14, 15 und 16 gezeigt. Das längliche System in Abb. 14 erinnert an eine Spiralgalaxie, die wir gerade von der Seite sehen. Ihre Hauptebene ist aber deutlich verbogen. Auch der helle Knoten am oberen Ende ist abnormal. Der (grüne) Ausläufer mündet in eine Brücke zu der rundlichen Galaxie im unteren Teil und dürfte von der Schwerkraft der letzteren herausgezogen worden sein. Beide Systeme sind von einem gemeinsamen Lichthof umgeben und tauschen offensichtlich Materie aus. Daß sie von uns gleich weit, etwa 1 Milliarde Lichtjahre, entfernt sind und nicht zufällig durch Projektion als Doppelsystem erscheinen, geht aus ihren identischen, durch die kosmische Expansion bedingten Radialgeschwindigkeiten hervor.

Die Dreiergruppe von Abb. 15 demonstriert uns ganz ähnliches. Sie liegt innerhalb der vom IRAS angegebenen Fehlerellipse für die Position der dortigen Infrarotquelle. Die große Galaxie am oberen Bildrand, vielleicht ein elliptisches

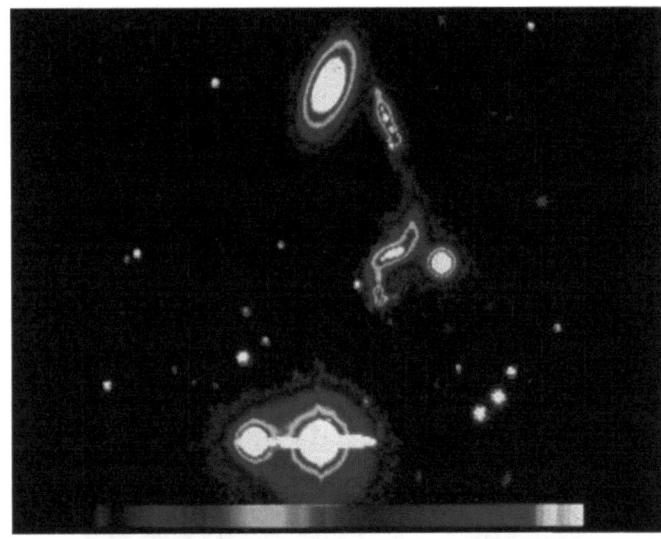

Abb. 15. Drei wechselwirkende Galaxien an der Position der IRAS Quelle 02258 + 3451 in der oberen Bildhälfte. Die anderen hellen Objekte sind Vordergrundsterne. Helligkeitsstufen entsprechend der Farbskala am unteren Bildrand. Sonst wie Abb. 14

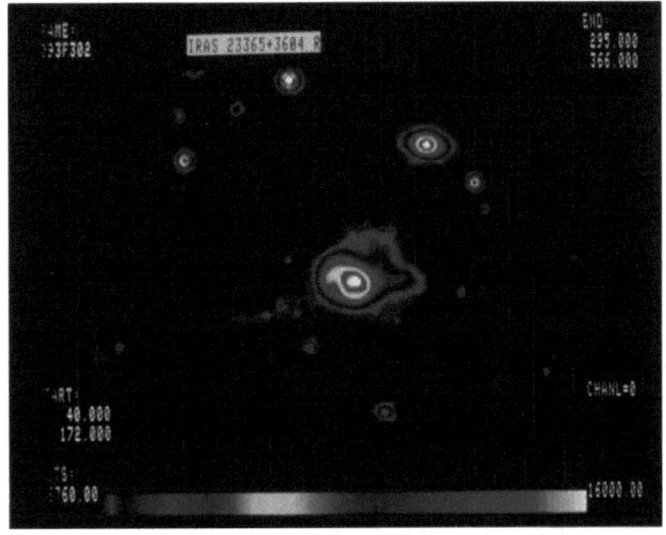

Abb. 16. Die mit der IRAS-Quelle 23365 + 3684 identische Infrarotgalaxie. Sonst wie Abb. 14 und 15

System, wechselwirkt mit den beiden anderen, weniger leuchtkräftigen und stark gestörten. (Die übrigen hellen Objekte sind Sterne des Vordergrundes.) Nicht nur die deutliche Verformung der letzteren ist ein klares Indiz für gravitative Einwirkungen von außen, auch in den unregelmäßig verteilten Helligkeitszentren kommt ihre irreguläre innere Struktur zum Ausdruck. Ob diese Knoten etwa die Stellen starker Infrarotstrahlung sind oder die wesentliche Quelle in der großen Galaxie sitzt, ist vorerst unklar. Zur Beantwortung dieser Frage, die sich in anderen vergleichbaren Fällen ähnlich stellt, bereiten wir gegenwärtig Infrarotbeobachtungen hoher räumlicher Auflösung vor.

Die mit einer weiteren IRAS-Quelle identische Galaxie im Zentrum der Abb. 16 zeigt neben ihrem auffallend dünnen, knotigen Schwanz starke Abweichungen von jeglicher Symmetrie, auch in den inneren Teilen. Zur Zeit ist nicht geklärt, ob das schwächere System rechts oberhalb gleich weit von uns entfernt ist und als Störer in Frage kommt.

Auch die optischen Spektren dieser Objekte enthalten Ungewöhnliches; sie mit Hilfe des 3,5-m-Teleskops aufzunehmen, war der zweite Schritt. Im Gegensatz zu jenen normaler Galaxien, für die das integrierte Sternlicht mit einem von Absorptionslinien durchsetzten Kontinuum typisch ist, werden diese von Emissionslinien beherrscht, ein Zeichen für das reichliche Vorhandensein aufgeheizten dünnen Gases, das zum sichtbaren Licht der Quellen entscheidend beiträgt, und nicht etwa nur in den Kernregionen. In Abb. 17 ist dasjenige des rundlichen Systems von Abb. 14 zu sehen, aber auch von allen anderen Galaxien unserer Beispiele kommen starke Emissionslinien.

Die Spektren erlauben darüber hinaus, die Radialgeschwindigkeit und damit, wie im ersten Abschnitt angedeutet, die Distanz der Objekte abzuleiten. Mit bekannter Entfernung läßt sich dann aus der gemessenen sogenannten scheinbaren Helligkeit auf die Leuchtkraft eines Systems, seine wahre Energieabstrahlung, schließen. Die Rotverschiebungen der identifizierten IRAS-Galaxien sind, verglichen mit den von Quasaren bekannten Extremwerten, nicht allzu groß und gehen bis etwa $z = 0,30$ (Definition von z siehe oben), was aber bereits einer Distanz merklich jenseits 1 Milliarde Lichtjahre entspricht. Der Grund dafür ist die begrenzte Reichweite der IRAS-Durchmusterung, die zu den noch schwächeren, vermutlich in großer Zahl vorhandenen Quellen nicht vordringen konnte. Die resultierenden Leuchtkräfte unterstreichen den Ausnahmecharakter der Objekte: Allein im fernen Infrarot, zwischen 40 und 120 µm Wellenlänge, emittieren sie zum Teil ein Vielfaches der gesamten Strahlung einer Normalgalaxie; einzelne Systeme, zum Beispiel das in Abb. 16 gezeigte, stehen mit ihrer Leuchtkraft den Quasaren nicht nach.

Das in seiner chaotischen Form ganz ungewöhnliche Objekt NGC 6240 (Abb. 18) dürfte uns den Zusammenstoß zweier Galaxien vorführen. Es ist ebenfalls eine intensive Infrarot- und Radioquelle (vgl. Abb. 11), hat aber nicht erst durch IRAS Beachtung gefunden. Neuerdings haben sich Josef FRIED und Hartmut SCHULZ auf dem Calar Alto mit diesem 300 Millionen Lichtjahre entfernten

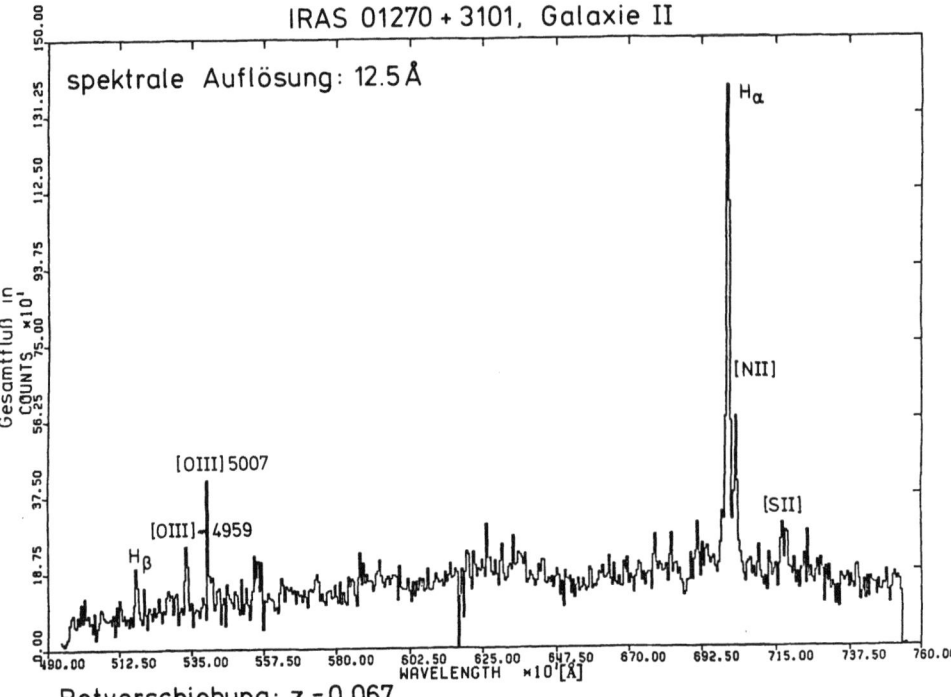

Abb. 17. Emissionslinienspektrum der rundlichen Galaxie von Abb. 14 im sichtbaren Spektralbereich mit Identifizierung der hellsten Linien. Unten: Wellenlänge in nm. Seite: Zählraten der Intensität. Infolge der kosmologischen Rotverschiebung ($z = 0{,}067$) werden die einzelnen Linien bei 6,7 Prozent größeren Wellenlägen als im Labor beobachtet. (Aufnahme: U. KLAAS)

System eingehend beschäftigt. Mit Hilfe von CCD-Bildern, am 2,2-m-Teleskop unter besten atmosphärischen Bedingungen aufgenommen, entdeckten sie, daß sein Zentrum aus zwei nur 1,8 Bogensekunden voneinander getrennten Kernen besteht. Diese sind in eine ausgedehnte Region heißen, hochturbulenten Gases eingebettet. In einer der ersten Beobachtungsnächte am 3,5-m-Teleskop gelang es dann, ein Spektrum des Kernpaares zu gewinnen. Es zeigt um 150 km/sek differierende Radialgeschwindigkeiten der beiden hellen Knoten. Alles spricht dafür, daß wir hier zwei ursprünglich getrennte Spiralgalaxien in einer sehen: die gravitativ verformten und ineinander verschlungenen Arme, wie die relativ zueinander bewegten Kernpartien. Diesen Fall simulierende Modellrechnungen legen nahe, daß innerhalb einer weiteren Million Jahre die völlige Verschmelzung der Kerne zu erwarten ist, und in einigen 100 Millionen Jahren, nach dem völligen Abbau der Bahnenergie der kollidierenden Partner, diesem Chaos eine normale Galaxie entsprungen sein wird.

Nach heutigem Verständnis geht die intensive Infrarotstrahlung dieser Systeme auf einen „burst of star formation" zurück, auf das fast schlagartige Einset-

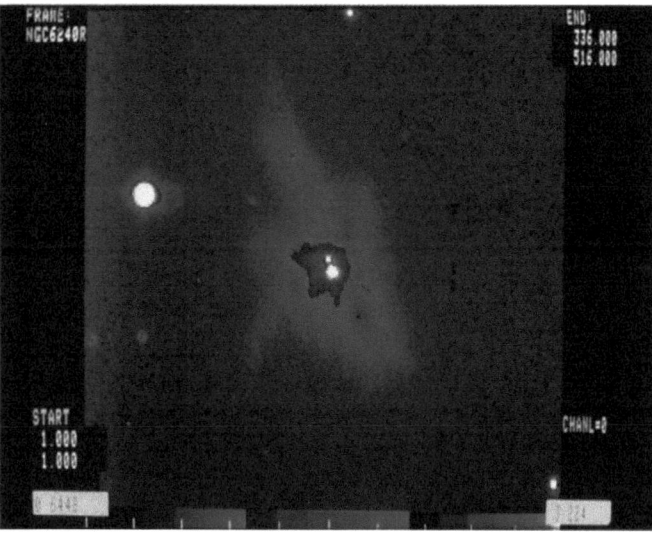

Abb. 18. NGC 6240 mit zwei Kernen, vermutlich zwei Spiralgalaxien in Kollision, nach einer CCD-Aufnahme von J. FRIED mit dem 2,2-m-Teleskop. (Falschfarbenbild)

zen von Sternbildung in weiten Teilen einer Galaxie. Die neuen Sterne entstehen in verdichteten Wolken aus interstellarem Gas und Staub. Während der Geburtsphase strahlen sie zunächst selbst im Infraroten, in etwas fortgeschrittenem Stadium wird dann ihr Licht durch den sie einhüllenden absorbierenden Staub ins Infrarote umgesetzt. Was man im langwelligen Infrarot beobachtet, ist in erster Linie die Strahlung recht kalten Staubes bei Temperaturen von 100 K und weniger, erwärmt von den jungen Sternen im tiefen Wolkeninneren. Diese Phänomene sind von den Sternentstehungsgebieten unseres Milchstraßensystems bestens bekannt. Ebenfalls in dieses Bild passen die optischen Spektren, von denen Abb. 17 ein Beispiel enthält: Die Linienemission des Gases hat ihre Ursache in der Heizung und Anregung durch neugeborene massereiche Sterne, die bereits eine heiße Oberfläche ausgebildet haben.

Der Ausbruch kann auf verschiedene Weise angestoßen werden. Allem Anschein nach bringt in manchen Fällen bereits die gravitative Störung einer weiten Begegnung den inneren Bewegungszustand so durcheinander, daß interstellare Wolken über große Raumbereiche hinweg in den Schwerekollaps getrieben werden und Sterne gebären. Die verstärkte Strahlung der Galaxie rührt also von Sternen her, die ihre Existenz einem Eingriff von außen verdanken. Hier zeigt sich etwas wesentliches: Offenbar kommt es gar nicht unbedingt auf eine merkliche Zufuhr von Energie aus dem Umfeld an. Es mag vielmehr schon genügen, einen intern vorhandenen Zustand der Instabilität durch Einwirkung von außen so zu kippen, daß latent vorhandene Energiereservoirs angezapft und neue Quellen von Strahlung erzwungen werden.

Um so stärkere Effekte sind zu erwarten, wenn Materie von außen einstürzt und Gaswolken der wechselwirkenden Partner direkt aufeinanderprallen. NGC 6240 und das Paar von Abb. 14 scheinen uns genau dieses zu demonstrieren. Auch bei nicht wenigen der aktiven Galaxien vom elliptischen Typ, er ist, wie eingangs erwähnt, normalerweise arm an diffusem Stoff, sind Spuren von zugelieferter Materie, und selbst von jüngster Sternbildung, unverkennbar. So ist das zentrale Sternsystem von Cygnus A (Abb. 5) eine elliptische Galaxie mit äquatorialem Staubband, wie eine ganze Reihe anderer analoger Fälle. Und es gibt klare Indizien dafür, daß sie aus der Verschmelzung ursprünglich voneinander unabhängiger Systeme hervorgegangen sind.

Zusammenfassung

Die gravitative Wechselwirkung zwischen Galaxien, mit oder ohne Materieaustausch, ist nach allem, was wir heute wissen, ein Prozeß, der die beteiligten Partner in eine aktive Phase treiben kann. Ob alle aktiven Galaxien so zu verstehen sind, ist vorerst nicht restlos klar, wie auch viele der beobachteten Phänomene im einzelnen noch rätselhaft erscheinen. Jedoch gibt es im Licht der heutigen Einsichten wenig Grund zu der Annahme, für die überhöhte Energieausstrahlung der aktiven Systeme seien unbekannte Naturkräfte verantwortlich. Wie insbesondere die Beobachtungen an Infrarotgalaxien nahelegen, dürfte vielmehr der direkten oder indirekten Umsetzung von Gravitationsenergie die wesentliche Rolle zufallen.

Sehen wir in den verschiedenen Arten aktiver Galaxien vielleicht unterschiedliche Stadien einer zeitlichen Entwicklung? – das ist eine weitere Frage, zu der es gegenwärtig noch wenig zu sagen gibt. Es ist durchaus denkbar, daß Infrarotgalaxien, sobald erst einmal die Phase der stürmischen Sternbildung vorbei und das interstellare Material im wesentlichen aufgebraucht ist, eine andere Erscheinungsform annehmen, die noch immer als aktiv zu gelten hat. Der gestörte innere Bewegungszustand könnte Strukturveränderungen zur Folge haben und eventuell die Entwicklung auf eine Kernquelle hin einleiten. Bemerkenswert sind immerhin die annähernd gleichen Leuchtkräfte der hellsten Infrarotgalaxien und der Quasare, wie auch ihre ähnlich großen Raumdichten, wobei die Evidenz für letzteres statistisch noch auf etwas schwachen Beinen steht. Ungeachtet dessen liefern solcherlei Indizien vor allem neue Ansatzpunkte für die weitere Forschung.

Zum Schluß sei noch ein anderes Thema kurz berührt. Mit den beschriebenen Einblicken in den Aufbau von Galaxien und ihr Schicksal drängt sich das Problem, wie denn die großen Sternsysteme überhaupt entstanden sind, mehr und mehr in den Vordergrund. Ihre Anfänge reichen ohne Zweifel weit zurück in die kosmische Vergangenheit; soweit heute bekannt, enthalten alle Galaxien sehr alte Sternpopulationen. Ob sie im wesentlichen als Ganzes entstanden sind oder sich aus kleinen Einheiten Schritt für Schritt zusammengeschlossen haben, ist dagegen strittig. Die vorher dargestellten Befunde über Wechselwirkung und Verschmelzung scheinen mir indessen klar zu belegen, daß die Galaxien nicht als Produkte eines einmaligen Geburtsaktes in isolierter Existenz verharren, sondern fortdauernd Wandlungen erfahren, das Wachstum auf Kosten anderer inbegriffen.

Sitzungsberichte der Heidelberger Akademie der Wissenschaften
Mathematisch-naturwissenschaftliche Klasse

Die Jahrgänge bis 1921 einschließlich erschienen im Verlag von Carl Winter, Universitätsbuchhandlung in Heidelberg, die Jahrgänge 1922–1933 im Verlag Walter de Gruyter & Co. in Berlin, die Jahrgänge 1934–1944 bei der Weißschen Universitätsbuchhandlung in Heidelberg. 1945, 1946 und 1947 sind keine Sitzungsberichte erschienen.

Ab Jahrgang 1948 erscheinen die „Sitzungsberichte" im Springer-Verlag.

Inhalt des Jahrgangs 1982:
1. E. G. Jung. Licht und Hautkrebse. Modelle und Risikoerfassung. DM 26,–.
2. H. H. Schaefer. Georg Cantor und das Unendliche in der Mathematik. DM 17,50.
3. G. Greiner. Spektrum und Asymptotik stark stetiger Halbgruppen positiver Operatoren. DM 18,50.
4. W. Doerr. Cancer à deux. DM 13,80.
5. W. Jaeger. Untersuchungen zu Farbkonstanz und Farbgedächtnis. DM 12,80.
6. H. Habs. Die sogenannte Pest des Thukydides. Versuch einer epidemiologischen Analyse. DM 24,80.

  B. M. Thimm. Brucellosis. Distribution in Man, Domestic and Wild Animals. Supplement. Geb. DM 45,–.

  G. Breitfellner. Der Sekundenherztod. Ein morphologisches, funktionelles und sektionsstatistisches Profil. Supplement. Geb. DM 128,–.

Inhalt des Jahrgangs 1983:
1. H. Maier-Leibnitz. Die Verantwortungen des Naturwissenschaftlers. DM 8,–.
2. F. Cramer. „Denn nur also beschränkt war je das Vollkommene möglich…". Eine wissenschaftstheoretische Interpretation von Goethes Gedicht „Metamorphose der Tiere". DM 8,80.
3. H. Schaefer. Über die Wirkung elektrischer Felder auf den Menschen. DM 37,–.
4. W. Doerr. Altern – Schicksal oder Krankheit? DM 13,50.
5. F. Kirchheimer. Die Jubiläumsmedaillen 1686 und 1786 der Universität Heidelberg. DM 19,80.
6. H. Mohr. Evolutionäre Erkenntnistheorie – ein Plädoyer für ein Forschungsprogramm –. DM 8,80.

  H. Wellmer. Dengue Haemorrhagic Fever in Thailand. Supplement. Geb. DM 52,–.

  H. Schipperges. Historische Konzepte einer Theoretischen Pathologie. Supplement. Geb. DM 69,–.

Inhalt des Jahrgangs 1984:
1. R. Lüst. Extraterrestrische Astronomie. DM 17,–.
2. F. Leonhardt. Zu den Grundfragen der Ästhetik bei Bauwerken. DM 12,–.
3. Ch. Rüchardt. Die Bindung zwischen Kohlenstoffatomen, das Rückgrat der Organischen Chemie, und ihre Grenzen. DM 12,80.
4. J. Peiffer. Zur Neuropathologie der Nebenwirkungen nervenärztlicher Therapie. DM 18,–.
5. F. Linder. Geistige Grundlagen der chirurgischen Therapie. DM 14,–.

  Medizinische Anthropologie. Herausgegeben von E. Seidler. Supplement. Geb. DM 76,–.

  W.-W. Höpker. Mißbildungen. Interrelationen, Assoziationen und diagnostische Validität. Supplement. Geb. DM 74,–.

MIX
Papier aus verantwortungsvollen Quellen
Paper from responsible sources
FSC® C105338

If you have any concerns about our products,
you can contact us on
ProductSafety@springernature.com

In case Publisher is established outside the EU,
the EU authorized representative is:
**Springer Nature Customer Service Center GmbH
Europaplatz 3, 69115 Heidelberg, Germany**

Printed by Libri Plureos GmbH
in Hamburg, Germany